MONOGRAPHIE

DES

PUCERONS DU PEUPLIER

PAR

JULES LICHTENSTEIN

DE MONTPELLIER

Avec quatre planches coloriées

SE TROUVE :

A MONTPELLIER

CHEZ L'AUTEUR ET A L'IMPRIMERIE CENTRALE DU MIDI

A PARIS

CHEZ J.-B. BAILLIÈRE ET FILS
19, rue Hautefeuille

A MONTPELLIER

CHEZ C. COULET, LIBRAIRE

A BERLIN

CHEZ R. FRIEDLANDER ET FILS
11, Carlstrasse

A BORDEAUX

CHEZ FERRET ET FILS, LIBRAIRES

1886

MONOGRAPHIE

DES

PUCERONS DU PEUPLIER

MONOGRAPHIE

DES

PUCERONS DU PEUPLIER

PAR

JULES LICHTENSTEIN

DE MONTPELLIER

Avec quatre planches coloriées

SE TROUVE :

A MONTPELLIER

CHEZ L'AUTEUR ET A L'IMPRIMERIE CENTRALE DU MIDI

A PARIS

CHEZ J.-B. BAILLIÈRE ET FILS
19, rue Hautefeuille

A MONTPELLIER

CHEZ C. COULET, LIBRAIRE

A BERLIN

CHEZ R. FRIEDLANDER ET FILS
11, Carlstrasse

A BORDEAUX

CHEZ FERRET ET FILS, LIBRAIRES

1886

INTRODUCTION

En détachant d'un travail destiné à faire suite à mon *Genera* des Aphidiens les pages suivantes, qui renferment la *Monographie des Pucerons du peuplier*, je n'ai pour but, comme je l'ai fait l'année passée pour la *Flore des Aphidiens*, que d'attirer les critiques de mes collègues en entomologie, afin d'y avoir égard quand, par la suite et très-prochainement, j'offrirai à la Société d'histoire naturelle de l'Hérault le *Species* complet des *Aphidiens* ou Pucerons qui me sont connus.

La publication anticipée de ma Flore m'a valu 135 rectifications de la part de quelques bons et vrais amis, qui ont bien voulu l'examiner avec quelque attention; je serais heureux si la lecture de l'histoire des Pucerons du peuplier me valait, soit pour ces insectes, soit pour d'autres Aphidiens, quelques bons conseils auxquels j'aurai le plus grand égard. J'aborde une branche de l'entomologie bien peu étudiée encore, et où le philosophe, le savant embryologue, comme les plus humbles jardiniers, peuvent faire de précieuses découvertes. J'ouvre une voie que je crois nouvelle dans l'explication des curieuses métamorphoses de ces petits êtres. Après le Phylloxéra, les Pucerons des galles de nos arbres: des pistachiers, de l'ormeau, du peuplier, soumis à une étude approfondie, m'offrent une série de métamorphoses qui me paraissent, même par quelques exceptions, confirmer les règles générales ou les théories hypothétiques que j'ai si souvent émises à propos du Phylloxéra et des migrations des Pucerons. Aujourd'hui, je puis avec conviction dire aux jardiniers : le Puceron des racines de vos laitues, qui prend des ailes en septembre, est le même que celui des galles ou au moins d'une des galles du peuplier; le Puceron de vos graminées, de vos blés, du maïs, de l'avoine, est la forme souterraine des Pucerons des galles de l'ormeau, du lentisque, etc. Cette conviction est devenue une certitude pour le Puceron des galles de l'ormeau et des racines du maïs. Après les observations de M. Horvath (de Budapest), quel est celui de mes collègues qui apportera de nouvelles preuves à l'appui de mes théories? Presque tout est encore à apprendre sur les métamorphoses des Pucerons; nous n'en savons guère plus long que Réaumur, et un siècle nous sépare déjà de lui.

J. LICHTENSTEIN.

La Lironde, novembre 1885.

MONOGRAPHIE

DES

PUCERONS DU PEUPLIER

Les Pucerons des peupliers ont depuis longtemps attiré l'attention des entomologistes; mais ils n'ont pas, jusqu'à nos jours, fait l'objet d'études sérieuses au point de vue de la classification; aussi la plus grande incertitude règne-t-elle encore sur l'exactitude des noms qui ont été appliqués par les anciens auteurs à l'une ou l'autre des nombreuses espèces qui vivent sur cet arbre.

Sans vouloir remonter plus haut que le XVIIIe siècle, c'est à partir de Réaumur, en 1737, dans le neuvième Mémoire du tome III de l'*Histoire des insectes*, que je trouve les premières descriptions facilement reconnaissables des insectes qui nous occupent. Encore Réaumur lui-même ne parle-t-il que des Pucerons *qui forment des galles* sur les peupliers. Ces espèces appartiennent toutes actuellement aux genres *Pemphigus*, et il est facile de reconnaître dans le Puceron qui fait des galles sur la queue ou pédicule des feuilles celui que je décrirai plus loin sous le nom de *Pemphigus pyriformis* (1) (pl. XXVI, fig. 8, *g. g.*).

(1) Voir les *Pucerons,* pl. I, fig. 1, 2, 3, 4.

Celles qui sont directement implantées sur le bois sont celles du *Pemphigus bursarius* (1) (pl. XXVI, fig. 8, *h. h.*); celles comprimées sur le milieu de la feuille avec une fente en dessous sont celles du *Pemphigus marsupialis* (2) (pl. XXVI, fig. 7, 9, 10, 11, et fig. 8, *a.*); celles en spirale sur le pétiole, *encore habitées en octobre,* sont le *Pemphigus spirothecæ* (3) (pl. XXVIII, fig. 1 et 2), et enfin celles qui replient les feuilles de manière à ce que les bords se rencontrent appartiennent au *Pemphigus affinis* (4) (pl. XXVII, fig. 5 et 6).

Après Réaumur, qui ne donne pas de nom latin, comme on sait, arrive Linné, le grand classificateur, qui décrit, moins bien que Réaumur, les Pucerons du peuplier, qu'il réduit à trois espèces. Ce sont:

L'APHIS POPULI *in populo tremulæ sub foliis fornicatis;*

APHIS TREMULÆ *in populi tremulæ ramulis ubi folia approximantur ut tegant;*

APHIS BURSARIA *in populi nigræ foliis saccatis petiolorumque utriculis coloratis.*

Cette dernière espèce me paraît renfermer toutes les espèces de Réaumur, tandis que les deux premières pourraient bien être d'autres genres; la description laissant assez à désirer, je devrais même, pour celles-là, suivre les données des entomologistes modernes, qui peuvent étudier le *populus tremula,* ou le *tremble,* mieux que je ne puis le faire à Montpellier, où cet arbre est loin d'être commun.

Après Linné (5), de Geer (6) nous donne, à la fin du siècle (1780), quelques bonnes observations sur les Pucerons, et, quoiqu'il ne parle que d'une seule espèce sur le peuplier (*Aphis tremulæ*), il donne comme synonyme le nom linnéen et figure un insecte avec la nervure cubitale fourchue, ce qui indiquerait un insecte appartenant au genre actuel: *Schizoneura,* genre

(1) *Ibidem,* pl. III, fig. 1, 2.
(2) *Ibidem,* pl. II, fig. 1, 3.
(3) *Ibidem,* pl. III, fig. 3, 4.
(4) *Ibidem,* pl. II, fig. 4, 5.
(5) Carolus Linné, *Systema Naturæ,* t. 1, pars 2, pag. 733. Holmæ, 1767.
(6) De Geer (Carl), *Abhandl zur Gesch. der Insekten.* Nürnberg, 1780.

dont je ne connaîtrai que trois ou quatre espèces vivant sur le peuplier et qui ne me paraissent pas être celles de De Geer.

Fabricius (1), en 1802, donne bien vingt-trois espèces de Pucerons de plus que Linné, mais l'augmentation ne porte pas sur des Pucerons du peuplier, et je retrouve dans le *Systema Rhyngotorum* (1803) :

Nº 9. L'Aphis bursaria *in sacculis ovatis prominentibus foliorum ;*

Nº 27. Aphis populi *sub populi tremulæ foliis convolutis et pustulatis ;*

Nº 55. Aphis tremulæ *in ramis populi tremulæ ubi folia approximantur ut tegant.*

Comme on le voit, il copie servilement Linné, ce qui, du reste, arrive aussi aux auteurs du *commencement du XIXᵉ siècle,* MM. Schrank (2) et Haussmann (3), qui réunissent tous les Pucerons du peuplier dans l'*Aphis bursaria* de Linné; et ce n'est que Kaltenbach (4), en 1843, qui commence à s'apercevoir qu'il y a plusieurs espèces confondues ensemble et qui crée un *Aphis populea ;* fixe, par une bonne description, les caractères de l'*Aphis populi* de Linné et ajoute, dans le genre *Pemphigus,* le *Pemphigus affinis* au *Pemphigus bursarius,* en faisant remarquer que déjà Réaumur avait reconnu qu'il y avait là plusieurs espèces.

Koch (5), en 1854, reconnaît à son tour qu'il y a bien plus d'espèces de Pucerons sur les peupliers que ce qu'a cru Linné, et, créant une foule de nouveaux genres, il nous donne pour l'*Aphis populi* de Linné quatre espèces de son genre *Chaitophorus,* soit : *Ch. populi, Ch. leucomelas, Ch. versicolor, Ch. tremulæ,* qui ne sont peut-être que des variétés. Il crée le genre *Cladobius* pour l'*Aphis populea* de Kaltenbach ; enfin il crée un troisième nouveau genre, *Pachypapa,* pour recevoir deux espèces, *P. marsupialis* et *P. vesicalis,* avec la nervure cubitale fourchue.

(1) Fabricius (J.-C.), *Systema Rhyngotorum,* p. 294. Brunswigiæ, 1803.
(2) Schrank (F.-P), *Fauna boïca,* t. II, p. 102 Ingolstaat, 1801.
(3) Haussman (F.), *Illiger's Mag.,* t. I, p. 426. Braunschweig. 1802
(4) Kaltenbach (J.-H.), *Monographie der Pflanzenlaüsen.* Aachen, 1843.
(5) Koch (C.-L.), *die Pflanzenlaüse.* Nürnberg, 1854.

Enfin viennent nos contemporains, MM. Buckton (1) en Angleterre, Passerini (2) à Parme, Rudow (3) à Perleberg, Kessler (4) à Cassel, Courchet (5) à Montpellier, qui, soumettant à un examen approfondi les curieuses déformations trouvées sur le peuplier, créent de nouvelles espèces, auxquelles j'ai été amené moi-même à en joindre quelques-unes de plus, qui m'ont paru avoir échappé à mes prédécesseurs ou avoir été confondues, à tort, avec d'autres.

Dans les excellents rapports que j'ai avec les amis nommés ci-dessus, je ne veux pas me permettre la moindre critique. Ils ont grandement fait avancer nos connaissances sur les mœurs et les caractères des petits insectes qui nous occupent; ils veulent bien m'aider de leurs conseils et m'envoyer tous leurs ouvrages, même souvent leurs manuscrits; je les en remercie.

A côté d'eux, M. le doct^r Emmanuel Witlaczil (de Vienne) (6) m'a aussi puissamment aidé par son traité sur le *Polymorphisme du Chaitophorus populi*, ouvrage auquel je ferai de nombreux emprunts, et j'espère que, grâce à l'aide de mes devanciers, la question encore bien obscure de l'histoire et des métamorphoses des Pucerons du peuplier deviendra un peu plus claire; mais elle est encore bien loin d'être complétement élucidée, et il restera encore beaucoup à faire pour nos successeurs.

Dans un petit travail que j'ai récemment publié, j'ai divisé les Pucerons en plusieurs groupes, d'après le nombre d'articles antennaires; c'étaient:

Les Phylloxériens, avec trois articles aux antennes;
Les Chermésiens, avec cinq   —   —
Les Schizoneuriens, avec six   —   et la nervure cubitale fourchue;

(1) Buckton (G.-B), *Bristish Aphides-Ray Society*. London, 1879-83.
(2) Passerini (G.), *Aphididæ italicæ*. Genova, 1863.
(3) Rudow (F.), *Giebel's Zeitschrift* für ges. Wiss. Berlin, 1875.
(4) Kessler (H.), *Die auf Populus nigra und dilatata vork. Aphiden arten.* Cassel, 1882.
(5) Courchet (L.), Académie des sciences et lettres de Montpellier, 1880.
(6) Witlaczil (E.), *Polymorphismus des Chaitophorus populi*. Kais, akad. de Wiss. Wien, 1884.

Les Pemphigiens, avec six articles également, mais la nervure cubitale simple.

N. B. — On appelle nervure cubitale la troisième nervure diagonale de l'aile supérieure. Et enfin

Les Aphidiens, avec sept articles aux antennes, en comptant comme article séparé la partie effilée qui termine le sixième article.

Je ne connais sur le peuplier, en Europe, aucun Puceron n'ayant que trois, quatre ou cinq articles aux antennes ; mais je connais, soit pour les avoir étudiées, soit pour les trouver citées dans les auteurs qui m'ont précédé,

Cinq espèces de Schizoneuriens, soit :

Schizoneura Passerini Signoret ;
— marsupialis Koch (*sub Pachypapa*) ;
— populi Koch (*sub Asiphum*) ;
— tremulæ Linné, de Geer (*sub Aphis*) ;
— vesicalis Koch (*sub Pachypapa*) et Rudow (*sub Stagona*) ;

Douze espèces de Pemphigiens :

Pemphigus, affinis Kaltenbach = populeeus Koch (*sub Thecabius*) ;
— bursarius Linné ;
— glandiformis Rudow = bursarius *partim;*
— marsupialis Courchet = ovato oblongus de Kessler ;
— ovato-oblongus Kessler = marsupialis de Courchet ;
— populi Courchet ;
— populneus Koch (*sub Thecabius*) = affinis Kalt ;
— protospiræ Licht ;
— pyriformis Licht. = bursarius aut. *partim;*
— spirothecæ Passerini = glandiformis et tortuosus Rudow ;
— tortuosus Rudow = spirothecæ Pass ;
— vesicarius Passerini.

Sept espèces d'APHIDIENS, qui probablement pourront être, ramenées à deux ou trois au plus; ce sont:

CHAITOPHORUS leucomelas Koch = populi *var.;*
— lyratus Ferrari = populi *var.;*
— populeus Kaltenbach. Koch (*sub Cladobius*);
— populi Linné ;
— populi-albæ Boyer = populi *var.;*
— tremulæ Linné *partim ?*
— versicolor Koch = populi *var.*

Comme on le voit, les trois espèces linnéennes ou les cinq espèces décrites par Réaumur sans nom de baptême sont devenues *vingt-quatre;* mais il s'agit à présent d'examiner quelles sont celles qu'il faudra conserver et celles qui ne sont que des synonymes. Pour cela, je vais décrire les galles que je connais, puis leurs auteurs, et j'indiquerai, en révisant les espèces, les noms qui ne paraissent que des synonymes.

Quand, dans le mois de mai, juin et jusqu'en hiver, on examine le peuplier (*populus nigra*), on est frappé de la quantité de galles ou excroissances qui déforment les rameaux ou feuilles de cet arbre et de la quantité de Pucerons qui se fixent sur son écorce, ou qui, en automne et jusqu'en hiver, courent sans se fixer et se cachent sous l'écorce pour y déposer de tous petits Pucerons aptères sans rostre, mais munis d'organes génitaux, qui s'accouplent et déposent les œufs d'où naîtront au printemps les Pucerons que nous verrons former des galles.

Hâtons-nous de dire que la découverte encore toute récente des métamorphoses des Pucerons qui forment des galles n'a pris son essor qu'après que MM. PASSERINI et DERBÈS pour les Pucerons du térébinthe, RILEY et BALBIANI pour le Phylloxéra, COURCHET et KESSLER pour les Pucerons du térébinthe, de l'ormeau, du peuplier; eussent fait ou confirmé l'histoire de la série habituelle de l'évolution biologique des Pucerons des galles. Cette évolution est formée d'une succession de formes aptères ou ailées, aboutissant à la production des insectes sexués, qui s'accouplent et donnent l'œuf fecondé. Cet œuf passe *ordinairement* l'hiver, ce qui fait que quelques auteurs l'ont appelé *œuf d'hiver*. Le mot *œuf* me paraît suffire pour indiquer ce produit de la femelle fécondée, car il est pondu à des époques très-variables, et il n'est prouvé nullement qu'il n'éclose *jamais* avant l'hiver.

Pour être mieux compris dans l'histoire qui va suivre, j'appellerai, comme dans mes travaux précédents, *pseudogynes* ou *fausses femelles* les Pucerons, ailés ou non, qui pondent *sans le concours du mâle* des petits vivants. Il y a normalement quatre *pseudogynes* qui se succèdent dans l'évolution biologique d'un Puceron ; ce sont :

La pseudogyne *fondatrice,* aptère ;
— *émigrante,* ailée ;
— *bourgeonnante,* aptère ;
— *pupifère,* ailée, pondant les mâles et les femelles.

M. Witlaczil (de Vienne) a proposé d'indiquer l'état de *pseudogyne,* qu'il appelle, lui, *vivipares Weibchen,* par le signe ordinaire du sexe femelle, en doublant le petit trait transversal inférieur ; je n'y vois, pour ma part, aucun inconvénient.

Chaque pseudogyne, ailée ou non, subit quatre mues depuis sa naissance jusqu'au moment où elle est apte à pondre, soit des petits vivants, soit des œufs ; les sexués aussi subissent quatre mues.

Ayant ainsi fixé les dénominations des diverses phases de la vie des insectes, examinons les diverses formes de galles que nous offrent le peuplier *populus nigra,* ou sa variété *populus italica,* sous le climat de Montpellier. Nous trouvons d'abord des galles, qui sont fixées sur les jeunes rameaux, intéressant la partie ligneuse et persistant pendant l'hiver *en brunissant,* mais sans tomber ; c'est là ce que je considère comme le vrai *Pemphigus bursarius* de Linné, ou du moins c'est à cette espèce seule que je restreins le nom linnéen, qui, je crois, comprenait plusieurs espèces confondues.

Après cette galle, on trouve sur le pétiole des feuilles d'autres galles pyriformes, que tous les auteurs ont confondues avec la précédente et que je crois devoir décrire à part ; je la nommerai *Pemphigus pyriformis.*

Sur le pétiole encore, on trouve des galles tournées en spiralé ou en tire-bouchon, dont tous les auteurs, depuis Réaumur, ont parlé, et que Passerini a spécialement décrites en leur donnant le nom de *Pemphigus spirothecæ*. Cette galle en tire-bouchon est très-petite au mois de mai-juin, et les insectes ailés ne s'y développent qu'en septembre-octobre : *ce sont des pseudogynes pupifères.*

Or, à côté de cette espèce, je trouve une autre galle aussi en tire-bouchon, infiniment plus précoce et déjà remplie d'ailés en juin ; nul auteur n'en ayant fait mention avant moi, je l'appellerai *Pemphigus protospiræ*, pour indiquer que c'est la première galle en spirale qui apparaît ; *les ailés qui en sortent sont des pseudogynes émigrantes !*

Après cela, le limbe de la feuille lui-même va nous offrir quatre galles différentes ; ce sont :

Le *Pemphigus populi* Courchet : galle verte, ronde, en forme de pois-chiche ou noisette, qui s'élève juste au point où la queue finit et s'étale en feuille ;

Le *Pemphigus marsupialis* Courchet, dont la galle s'élève en relief ou ovale allongé sur la feuille, avec une fente par-dessous, longeant la nervure médiane : cette galle est rouge ;

Le *Schizoneura* (*Pachypapa*) *marsupialis* de Koch, qui forme une galle à peu près semblable, de couleur jaune, mais largement ouverte par-dessous et non pas fermée par une fente longitudinale ;

Et enfin le *Pemphigus affinis* Kalt., dont la pseudogyne fondatrice forme une galle sous le repli d'une feuille, à la base des rameaux, où elle vit seule, et pond des petits qui se rendent, dès leur naissance, au bout des rameaux, sous les feuilles les plus tendres, et les font se replier en deux, de façon à ce qu'une moitié vient appliquer son bord sur celui de l'autre, en formant ainsi une petite gousse, dans laquelle vivent les pseudogynes émigrantes, jusqu'à ce qu'elles aient pris tout leur développement.

Voilà donc huit galles bien différentes que je connais, et dont sept au moins sont communes à Montpellier ; ce sont :

1° Le Pemphigus bursarius, sur le bois des jeunes rameaux, et persistant en hiver ;

2° Le Pemphigus pyriformis, ⎞
3° Le Pemphigus spirothecæ, ⎟ sur le pétiole et caduques.
4° Le Pemphigus protospiræ, ⎟
5° Le Pemphigus populi ; ⎠

6° Le Pemphigus marsupialis, ⎞ sur le limbe et caduques.
7° Le Pemphigus affinis ; ⎠

J'ai vu de plus, mais seulement à l'état sec et sans pouvoir décrire l'état frais de la galle :

8° Le Pemphigus vesicarius Passerini, dont la galle, en forme de pomme d'arrosoir et formée sur un bourgeon, ne m'est connue que sèche et n'est pas caduque en hiver.

9° Le Schizoneura (Pachypapa) marsupialis, dont j'ai reçu la galle d'Allemagne, de M. Kessler, de Cassel. Elle est sur le limbe et caduque, et fort ressemblante à celle du *Pemphigus marsupialis*, quoique formée par un Puceron bien différent, puisqu'il appartient à un genre dont la troisième nervure est fourchue.

Je ne lui connais comme congénère, au moins ici, que le *Schizoneura Passerini* de Signoret, qui a des habitudes bien différentes des autres et ne forme point de galles, mais se contente de vivre sous les écorces, dans les fissures et anfractuosités du tronc, et même souvent dans ou sous les galles du *Pemphigus bursarius*.

Quant au *Schizoneura tremulæ* de Linné (*sub Aphis*) et de Koch (*sub Asiphum populi*), qui ferait contourner les bourgeons du tremble, je ne sais pas du tout ce que cela peut être. Sa manière de vivre ferait penser à un Puceron de Réaumur qui fait contourner les bourgeons des tilleuls et que Kaltenbach a appelé *Schizoneura Reaumuri ;* mais, pour les réunir, il faudrait savoir s'il pourrait vivre sur deux arbres aussi différents que *tilleul* et *tremble*, et surtout si c'est le même insecte.

En tous cas, la manière de vivre du précédent, c'est-à-dire du *Schizoneura Passerini*, nous amènerait aux Pucerons du peuplier, à sept articles aux antennes, du genre *Chaitophorus*, dont une espèce, le *Chaitophorus populeus* de Kaltenbach (*sub Aphis*), couvre souvent le bois du tronc et de la base des branches des jeunes peupliers, et dont l'autre espèce, *Chaitophorus populi* Linné (*sub Aphis*), vit aux bourgeons et sur les feuilles, sans se gêner pour usurper, à l'occasion, les galles vides du *Pemphigus bursarius* et celles des *pseudogynes* émigrantes du *Pemphigus affinis*. Je ne serais pas éloigné de réunir provisoirement, sous le nom linnéen de *populi*, tous les *Chaitophorus* du peuplier, excepté le *populeus*, quoique les variétés de couleur soient des plus nombreuses ; mais, même en éliminant ainsi cinq ou six espèces, il reste encore treize espèces de Pucerons vivant sur le peuplier noir, dont je vais essayer de tracer la biologie et d'indiquer les caractères.

En voici d'abord le tableau synoptique :

1. Insectes ailés à six articles aux antennes, 2.
Insectes ailés à sept articles aux antennes, III Aphidiens.
2. Ailes supérieures à cubitale simple, I Pemphigien.
Ailes supérieures à cubitale fourchue, II Schizoneuriens.

I. PEMPHIGIENS. — Genre *Pemphigus* Auct.

A. La pseudogyne fondatrice pond dans la galle qu'elle forme des émigrants qui prennent des ailes et s'en vont en été (juin-juillet). — Genre PEMPHIGUS Hartig.

B. La pseudogyne fondatrice vit seule et isolée sous un repli des feuilles; les émigrants abandonnent leur auteur dès leur naissance et vont former des galles ailleurs. — Sous-genre BUCKTONIA Licht.

C. La pseudogyne fondatrice pond, dans la galle en spirale ou tire-bouchon qu'elle forme sur le pétiole des feuilles, des petits qui ne prennent pas d'ailes et qui pondent dans la même galle une 3ᵉ forme qui, elle, prend des ailes en automne (septembre-octobre), s'en va pondre des *sexués* sur le tronc des peupliers. — Sous-genre KESSLERIA Licht.

II. SCHIZONEURIENS. — Genre Schizoneura Auct.

A. Pseudogyne fondatrice formant des galles, ou au moins repliant les feuilles. Émigrants ailés portant leurs ailes en toit. — Genre SCHIZONEURA Hartig.

B. Pseudogyne fondatrice ne formant pas de galle, vivant sur l'écorce ou dans les fissures et anfractuosités, souvent au collet des racines. Ailés, portant leurs ailes à plat sur le dos comme le Phylloxéra; nervures ombrées ou enfumées.—Sous-genre Lôwia Licht.

III. Aphidiens. — Genre *Chaitophorus* Auct. et *Cladobius* Koch.

A. Vivant sur les feuilles ou aux aisselles des feuilles et aux bourgeons ; nectaires plus larges que longs.— Genre Chaito-phorus Koch.

B. Vivant sur le tronc ou sur les branches, mais toujours sur le bois ; nectaires plus longs que larges. — Sous-genre Cladobius Koch.

Après le tableau synoptique des genres d'après les mœurs, voici celui des espèces :

Dans le genre Pemphigus, je détache d'abord le sous-genre *Bucktonia*, qui ne nous offre qu'une espèce sur le peuplier ; c'est le *Pemphigus affinis* de Kaltenbach : la fondatrice isolée dans sa galle, et les émigrants, sans leur mère, dans les tendres feuilles des bourgeons pliées en gousse longitudinalement, le font aisément reconnaître. C'est le géant de nos Pemphigiens d'Europe ; la longueur de l'antenne est de 0^{mm} 73 à 0^{mm} 75. N° 1. Bucktonia *affinis* Kalt (1).

Le 2° sous-genre sera formé par les Pemphigus qui, comme le Phylloxéra de la vigne, manquent de forme ailée émigrante et ne s'offrent à l'état ailé que dans leur état de pupifère, c'est-à-dire quand elles vont cacher leurs sexués dans les crevasses des troncs des peupliers ; aussi, pendant que nous voyons tou-tes les galles du peuplier s'ouvrir en juin-juillet pour laisser partir les émigrants, ce n'est qu'en automne, en septembre-octobre, que cette espèce sort de sa galle. J'en ai fait le sous-genre Kessleria, et je ne connais que l'espèce du peuplier dé-crite par Passerini (*sub Pemphigus*) n° 2. Kessleria *spirothecæ* Pass (2).

Il ne nous reste plus, après élimination de ces deux sous-genre à habitudes anormales, que des Pemphigus vrais for-mant *des galles*, comme pseudogyne fondatrice aptère, y pon-

(1) Les *Pucerons*, pl. II, fig. 4, 5.
(2) Les *Pucerons*, pl. III, fig 3, 4.

dant des émigrants qui prennent des ailes et émigrent en juin-juillet, pour revenir, sous une autre forme également ailée, pondre des sexués aptères sur le tronc des peupliers. La forme des galles les fait facilement reconnaître, comme nous l'avons déjà indiqué ; ce sont :

Galles sur le bois persitantes en hiver. n° 3. — Pemphigus bursarius (1) Linné

Galle pyriforme sur le pétiole. n° 4. — pyriformis (2) Licht.

Galle en spirale sur le pétiole (avec ailés au mois de juin). n°5. — protospiræ (3) Licht.

Galle en boule au point de jonction du pétiole et du limbe. n° 6. — populi (4) Courchet.

Galle ovoïde, oblongue, rouge sur la nervure. n° 7. — marsupialis (5) Courchet (*nèc* Koch.)

Galle vésiculeuse en pomme d'arrosoir sur le bourgeon, rendu monstrueux. n° 8. — vesicarius (6) Pass.

Comme insectes isolés, voici le tableau synoptique que je pourrai dresser de la forme de pseudogyne émigrante :

1. Les pseudogynes filles des fondatrices sont ailées et quittent les galles en juin-juillet ; leur couleur est grise. n° 2.

Les Pseudogynes filles des fondatrices sont aptères et restent dans les galles, où elles pondent des ailés (pupifères) qui ne quittent les galles qu'en septembre-octobre, et même plus tard. Ces ailés ont l'abdomen vert, et leurs embryons n'ont pas de rostre. . . . . *K. spirothecæ.*

2. Les ailés émigrants ont des antennes de 0^{mm} 70 et au-dessus ; l'article 3 est le plus long, 4 le plus

(1) Les *Pucerons,* pl. III, fig 1, 2.
(2)   id.   pl. I, fig. 1, 4.
(3)   id.   pl. III, fig. 5, 6.
(4)   id.   pl. IV, fig. 3, 4.
(5)   id.   pl. II, fig. 1, 3.
(6)   id.   pl. IV, fig. I, 2.

court, 5 et 6 à peu près égaux...   *B. affinis* Kalt.

Les ailés émigrants ont des antennes de 0^{mm} 60 au maximum. L'antenne a 0^{mm} 60; le 6e article est le plus long, le 4e un peu plus court que le 5e..............   *Pem. bursarius* Linné.

L'antenne a 0^{mm} 50; le 3e article est le plus long, 4 et 5 égaux.   *Pem. marsupialis* Courchet.

L'antenne a 0^{mm} 48; le 5e article le plus long, presque égal au 3e; les 4e et 6e presque égaux entre eux.....................   *Pem. pyriformis* Lich.

L'antenne a 0^{mm} 41; 3e et 6e art. presque égaux, le 4e près de moitié du 5e...................   *Pem. vesicarius* Pass.

L'antenne a 0^{mm} 41; le 3e art. le plus long, égalant les 4e et 5e réunis; le 6 plus long que le 5e....   *Pem. protospiræ* Licht.

L'antenne a 0^{mm} 40; le 3e art. le plus long, le 4 le plus court, le 5e moitié du 6e.............   *Pem. populi* Courchet.

Comme les mesures ne sont pas prises peut-être sur un nombre d'individus suffisant, et que, du reste, il peut y avoir des exceptions individuelles, ce tableau synoptique ne peut être considéré que comme une indication sommaire et ne peut suffire pour une détermination exacte. Il faut que tout concorde dans une méthode naturelle, et je m'efforcerai, dussé-je me répéter souvent, à bien décrire, dans la *Révision des espèces*, l'insecte que j'ai eu en vue en faisant la description.

Révision des espèces

1° *Bucktonia* (1) *affinis* Kaltenbach (sub Pemphigus) (2).

(1) En l'honneur de Buckton, le célèbre aphidologue anglais.
(2) Les *Pucerons*, pl. ll, fig. 4, 5.

Synonymes :

Réaumur, Puceron du peuplier (pl. XXVII, fig. 5, *o. p. q.*).
Linné,   Aphis tremulæ *partim* ?
Fabricius, —   —   — ?
Kaltenbach, Pemphigus affinis, pag. 182.
Koch, Thecabius populeus,   » 295. (P. affinis de Koch
     = spirothecæ de Pass.)
Courchet, Pemphigus affinis,   » 90.
Kessler,   —   —   » 18.
Buckton,   — spirothecæ,   » 122.
Passerini,   — affinis,   » 74.

Cette espèce mérite d'être mise en tête, non-seulement à cause de sa taille et surtout de la longueur de son antenne, mais encore de sa manière de vivre. La *pseudogyne fondatrice* éclôt dès que les premières feuilles du peuplier se montrent, et va se fixer sur un des bords de la feuille. Là, sa piqûre provoque l'épaississement du point piqué et la formation d'une pseudo-galle, c'est-à-dire le repliement partiel du bord piqué, qui forme une ampoule à peu près de la grosseur d'une lentille, d'un vert jaunâtre, qui englobe la fondatrice. Dans cette retraite, après quatre mues, cette pseudogyne accouche d'une centaine de petits vivants, qui, au fur et à mesure de leur naissance, quittent la demeure maternelle et vont se rendre tout au bout du rameau, sous la feuille la plus tendre, à l'extrémité du bourgeon. Arrivés là, plusieurs frères réunis piquent à l'envi la feuille, qui se courbe de façon à ce que les bords d'une moitié de la feuille viennent s'appliquer sur le bord opposé de l'autre moitié.

La surface de la feuille devient verruqueuse et se teinte de vert jaunâtre et de rouge ; dans l'intérieur, qui forme une espèce de gousse, les Pucerons grossissent, deviennent tous des nymphes, puis des insectes ailés, et s'en vont, je ne sais où, porter les pseudogynes bourgeonnantes. Au mois d'août, les pseudogynes pupifères reviennent rapporter sur leurs peupliers leurs *pseudova* ou *pupes,* d'où sortent les sexués, qui s'accouplent. Après quoi, la femelle pond son œuf fécondé, d'où doit sortir la fondatrice au printemps suivant.

Il est regrettable que Koch, et après lui Buckton, aient appliqué le nom de Kaltenbach, *affinis*, au Puceron qui fait des galles en spirale sur la queue des feuilles; car il ne peut pas y avoir erreur sur l'espèce de Kaltenbach, puisqu'il cite les figures de Réaumur, qui sont excellentes ; et on ne peut pas se tromper sur l'espèce que Kaltenbach avait en vue, puisqu'il nous dit : « *Schon Reaumur erkannte sie fur einc von P. bursarius verschiedene art* », et qu'en effet Réaumur dit, page 312 : « *Les Pucerons qui habitent les feuilles en vessie des peupliers sont assez semblables à ceux qui habitent les véritables galles des mêmes arbres ; je les crois cependant de différente espèce.* »

Enfin, dans le genre *Bucktonia*, la pseudogyne fondatrice a *cinq* articles aux antennes, et même *six* après ses mues, et les *Pemphigus* forme aptère n'en ont que *quatre*.

M. Buckton dit que Koch a, le premier, clairement décrit cet insecte ; pourtant la description de Kaltenbach, surtout avec la référence aux figures de Réaumur, me paraît excellente, et elle est de 1843; celle de Koch de 1857. A moins que M. Buckton ne veuille dire que le nom *affinis* de Koch devrait avoir la priorité sur le *spirothecæ* de Passerini ; mais le nom du savant directeur du Jardin botanique de Parme est si bien choisi, qu'il me semble bon à garder, surtout le nom de Koch faisant double emploi avec celui de Kaltenbach. Nous en reparlerons à propos de l'insecte suivant. Du reste, Koch décrit très-bien le *Bucktonia affinis* sous le nom de *Thecabius populeus*, et on ne comprend pas comment il n'a pas reconnu le *Pem. affinis* de Kaltenbach dans l'insecte qu'il décrivait comme nouveau : le *spirothecæ* d'aujourd'hui.

L'époque d'apparition du *Buck. affinis* est, *à Montpellier*, déjà le 3 avril, comme pseudogyne fondatrice. Elle a besoin d'un mois environ pour donner des petits vivants, qui, déjà dans les premiers jours de mai, se rendent aux bourgeons pour former la deuxième galle, où ils doivent devenir ailés, et c'est aux premiers jours de juin qu'ils émigrent. Alors la galle vide sert souvent de refuge à d'autres Pucerons d'un genre tout différent : ce sont les *Chaitophorus* à longues antennes velues, de sept articles et de plus d'un millimètre de longueur.

Je n'ai pu découvrir encore où vit la phase bourgeonnante

du *Bucktonia affinis,* qui doit opérer très-vite sa métamorphose en pupifères, puisque je crois avoir vu cet insecte revenir comme forme ailée portant des sexués dès le 9 juin, et que Kessler les a vus dans une toile d'araignée et sur le tronc des peupliers le 15 août. Ce savant observateur décrit les sexués : la femelle comme Puceron jaune clair de 1 mm., et le mâle comme moitié plus petit et vert clair. Les deux sexes sont sans bec ou rostre ; mais une petite carène sternale qui va de la tête à la deuxième paire de pattes pourrait occasionner des erreurs. « Lorsque ces sexués muent, la dépouille resterait, dit Kessler, accollée au corps de l'insecte, qui la traînerait après lui, ce qui n'est pas le cas pour les autres Pemphigiens. » L'antenne des ailés, vue au microscope, montre les tympans olfactifs circulaires ; sur le

3e article, il y a 17 cercles irréguliers ; sa long. est de				0^{mm}	28
4e	—	5	—	0	10
5e	—	indistinctement cerclé, strié	—	0	14
6e	—	lisse, finement strié	—	0	18

La progéniture des ailés est verte, à légère sécrétion blanche. La fondatrice adulte est un gros insecte gris foncé, pulvérulent, à yeux saillants ; sa longueur est de 2 mm. 80, sa largeur de 1 mm. 60 ; les galles sont communes partout aux environs de Montpellier, et les feuilles repliées au sommet des bourgeons sont un indice certain qu'à la base des rameaux on trouve, en avril et mai, la fondatrice isolée dans sa galle, sous le repli d'une feuille qui ordinairement est déjà alors jaunâtre et à moitié fanée.

Le sous-genre *Bucktonià,* que j'établis pour les espèces de Pucerons dont la *fondatrice* vit isolée, ne m'a offert qu'une espèce vivant sur le peuplier ; mais je crois que, sur le térébinthe (*Pistacia terebinthus*), le *Pemphigus folicularius* de Passerini devra être mis dans le même genre, d'après les données de *Derbès* et *Courchet* et mes propres observations.

2e Sous-genre, KESSLERIA (1) = Pemphigus aut. : *Kessleria spirothecæ* Passerini (sub Pemphigus) (2).

(1) Je donne ce nom en honneur de M. le professeur Kessler, de Cassel, qui a admirablement étudié les Pucerons de l'ormeau, du peuplier, etc., etc.
(2) Les *Pucerons*, pl. III, fig. 3, 4.

Synonymes:

Réaumur, Puceron du peuplier. Galles tournées en spirale et qui s'ouvrent comme une boîte (pl. XXVIII, fig. 1, 2, 3, 4).

Linné, Aphis bursaria *partim*.

Fabricius, — —

Kaltenbach, Pemphigus bursarius, p. 182.

Koch, Pemphigus affinis, p. 290.

Passerini. Pemphigus spirothecæ, p. 75.

Buckton, Pemphigus spirothecæ, p. 122 (indiquant Koch comme auteur).

Courchet, Pemphigus spirothecæ, p. 42.

Kessler, Pemphigus spirothecæ, p. 82.

Cette galle, en tire-bouchon sur le pétiole des feuilles, est une des plus communes, mais a été confondue par tous les anciens auteurs avec celle du *bursarius,* nom linnéen sous lequel on a compris longtemps pêle-mêle tous les Pucerons des galles du peuplier. Kaltenbach, le premier, avait tenté de séparer deux espèces, suivant les indications de Réaumur; mais Koch a de nouveau embrouillé la question en appliquant le nom d'*affinis* au *spirothecæ,* probablement sans lire la description de Kaltenbach et sans regarder les figures de Réaumur; mais, après Koch, voici notre contemporain M. Buckton, dont j'ai assez souvent fait l'éloge pour qu'il me permette une légère critique, qui nous donne ce nom d'espèce *spirothecæ,* qui est de *Passerini,* comme étant de *Koch,* ce qui complique encore la question, en renvoyant le lecteur à un nom de *Koch* qui ne se trouve pas dans l'ouvrage de cet auteur. Quoi qu'il en soit, la biologie de ce Puceron est si différente de celle de toutes les autres espèces, qu'on ne peut guère le confondre avec aucune. En effet, tandis qu'en mai-juin toutes les autres espèces de *Pemphigus* des galles du peuplier sortent des galles sous forme d'*émigrants ailés,* pour déposer leur progéniture ailleurs, le *Kessleria spirothecæ* n'a point de forme ailée émigrante; la phase correspondante aux *pseudogynes émigrantes* reste *aptère,* ne quitte pas la galle et n'émigre pas. C'est une exception, dans ma théorie de l'évolution des Pucerons des galles, que Kessler relève avec raison, mais que j'avais signalée bien longtemps avant lui. On a beau chercher à poser des règles fixes dans une classification, la nature nous offre toujours quelque exception ; celle que nous offre ici le *Kessleria spirothecæ* se trouve chez un autre Pemphigien, le *Pemphigus filaginis* des auteurs, qui devra peut-être être mis dans mon nouveau sous-genre, et le trop connu *Phylloxera vastatrix* nous offrira aussi des émigrants aptères qui n'émigrent pas, et une seule forme de *pseudogyne ailée, la pupifère*. Donc ce cas, exceptionnel chez les Pemphigiens du peuplier, d'une espèce sans forme ailée émigrante, se retrouvera dans des genres voisins des *Kessleria*.

Quant à la forme de la galle en spirale, j'ai cru très-longtemps qu'elle était unique et suffisante pour caractériser parfaitement cette espèce ; mais, au mois de juin 1883, je remarquai sur quelques peupliers, sur le pétiole de la feuille, une galle en spirale presque le double en volume de la galle du *spirothecæ* à la même époque, et dans cette grosse galle il y avait déjà des émigrants *ailés*, qui pondaient de jeunes *agames munis de rostre*. Cette différence notable dans l'évolution biologique m'amena à séparer cet insecte du genre *Kessleria* et à le mettre dans les *Pemphigus* vrais à deux formes ailées ; quoique je ne connaisse que la forme ailée émigrante, je nomme cette espèce *Pemphigus protospiræ*, et j'en donne plus loin la description.

Puisque nous en sommes aux ressemblances des galles, constatons que M. Kessler considère comme appartenant à l'espèce *spirothecæ* deux espèces que M. Rudow, en 1875, a mentionnées comme nouvelles, sous les noms de *Pemphigus glandiformis* et *tortuosus*. Si je n'ai pas osé mettre ces noms dans la liste des synonymes, c'est que M. Rudow, dans son intéressant travail sur les galles, dit qu'il a trouvé les galles *sèches* en septembre (*stets troçken in september*). Or, ici au moins, les galles du *Kessleria spirothecæ* ne sont *jamais* sèches en septembre, puisque les ailés pupifères y sont en général jusqu'en décembre et même janvier. Il n'y a de *sèche*, en septembre, que la galle persistante de *Pemphigus bursarius*, comme je le dirai plus bas, et elle peut assez varier de forme pour mériter tous les noms nouveaux de M. Rudow : *glandiformis, tortuosus, vesicalis*, etc. Du reste, mon savant ami de Perleberg, qui ne traite des galles du peuplier que d'une façon incidente, ne paraît avoir vu que des galles desséchées, et les débris qu'il trouve à l'intérieur ne sont peut-être pas, très-probablement, ceux des vrais auteurs des galles qui ont déjà dû partir en juin.

Puisque la forme de pseudogyne émigrante, chez les *Kessleria*, n'a pas d'ailes, on ne peut pas la comparer aux formes ailées émigrantes du genre *Pemphigus* ou du sous-genre *Bucktonia*. Du reste, elle n'arrive pas à la même époque ; mais, en septembre-octobre, la forme de *pseudogyne pupifère ailée* du *Kessleria spirothecæ* est en grande abondance mélangée sur le tronc des peupliers avec les formes pupifères de toutes les autres espèces de *Pemphigiens,* qui reviennent je ne sais d'où, probablement des racines de diverses plantes, porter leurs sexués sur le tronc des arbres. La couleur de son abdomen vert clair, légèrement pruineux, la distingue de la plupart des autres, qui sont plus ou moins gris foncé.

La partie caractéristique de l'antenne, qui se compose des articles 3 à 6 (les deux articles basilaires, 1 et 2, étant à peu près uniformes chez tous les *Pemphigiens*), la partie caractéristique, dis-je, offre sur le

3e art., 4 à 6 cicatrices ou fossettes olfactives ovales, long. 0,13
4e —   3   —   —   —   —   —   0,05
5e — 1 à 2 —   —   —   —   —   0,07
6e — lisse, finement strié   —   0,11

La longueur totale de l'antenne est de $0^{mm},41$.

Les sexués qui sont déposés par l'insecte ailé sous forme de pupe, qui s'ouvre très-vite, sont vert clair pour la femelle et un peu plus foncés pour le mâle ; les femelles montrent l'œuf unique par transparence et ont 1^{mm} de long ; les mâles ont $0^{mm},50$ à $0^{mm},75$ de long et un pénis bien visible. Ils s'accouplent après les mues ordinaires, et la femelle suinte alors, surtout par les flancs ou les nectaires, une sécrétion blanche qui l'entoure, elle ou l'œuf, qui très-souvent paraît rester enkysté dans le corps desséché de la mère, comme cela a lieu chez beaucoup d'autres espèces de Pemphigiens, genre *Pemphigus* Hartig.

Après avoir ainsi éliminé du genre Hartigien les deux sous-genres que leurs caractères plastiques, alaire et antennaire, rattachent au genre établi par le savant Forestier de Brunswick, mais que leur manière de vivre me porte à mettre à part ; après avoir décrit le sous-genre *Bucktonia* à vie isolée et le sous-genre *Kessleria,* chez lequel au contraire la vie de famille est à son apogée, puisque la même galle abrite à la fois ce que les anciens appelaient mère, fille et petite-fille, ou ce que j'appelle, moi, les trois phases de *fondatrice, bourgeonnante* et *pupifère,* — j'arrive aux espèces qui présentent le cycle le plus ordinaire de deux phases *fondatrice* et *émigrante* vivant ensemble dans une galle, jusqu'à ce que les émigrants, prenant des ailes, aillent porter ailleurs les *pseudogynes bourgeonnantes aptères,* lesquelles donnent naissance à la quatrième phase *pu·pifère,* qui prend des ailes à son tour et revient aux troncs des peupliers pour y rapporter les sexués.

N° 3. Pemphigus bursarius Linné (sub Aphis) (1).

Synonymes :

Réaumur, le Puceron du peuplier. Galles qui tirent leur origine immédiatement de la tige (pl. XXVI, fig. 8, *h. h.,* et pl. XXVII, fig. 5, *g. g.*).

Linné, Aphis bursaria *partim.*

Fabricius   —   — .

Kaltenbach, Pemphigus bursarius, p. 182, mélange de plusieurs espèces.

Koch, Pemphigus bursarius, p. 292   —   —

Courchet, Pemphigus bursarius, p. 45, mélangé au *P. pyriformis.*

Kessler, Pemphigus bursarius, p. 2,   —   —

Buckton, Pemphigus bursarius, p. 117, II,   —   —

Passerini, Pemphigus bursarius, p. 75 ; renvoie à la description de Kaltenbach.

Ainsi qu'on le voit par cette longue suite de synonymes, il n'y a que le vieux Réaumur qui, du premier coup, nous donne le caractère sûr et infaillible de l'espèce de Puceron du peu-

(1) Les *Pucerons,* pl. III, fig. 1, 2.

plier dont il veut parler : c'est celui dont *les galles tirent leur origine immédiatement de la tige*. J'ajouterai qu'elles persistent tout l'hiver en devenant ligneuses, et que, si l'on veut avoir l'insecte vrai, auteur ou descendant de l'auteur de la galle; il faut le prendre avant l'émigration, soit en juin pour y trouver la fondatrice, ou en juillet et août pour y trouver les *pseudogynes émigrantes ailées* en train d'effectuer leur exode. Après ce moment-là, c'est trop tard. On verra bien pourtant dans ces galles, qui ne tombent pas et qui restent béantes après la sortie des émigrants, un certain remue-ménage; mais ce ne sont plus des sortants, ce sont des intrus, étrangers ? qui viennent prendre logement dans la galle abandonnée.

Je suis persuadé que cette retraite, solide pendant l'hiver, attire d'abord certainement la forme ailée pupifère du *pemphigus bursarius* lui-même, mais encore toutes les autres *pseudogynes pupifères* des nombreuses espèces de Pucerons qui vivent sur cet arbre.

Mais n'anticipons pas et ne nous hâtons pas, à la suite de séduisantes analogies, de transformer en certitude des migrations qui ne sont encore, pour toutes les espèces de *Pemphigiens* du peuplier, que des hypothèses.

Malgré les preuves de migrations que nous ont données MM. Targioni-Tozzetti, Kessler, Horvath, etc., ou que j'ai pu moi-même constater sur plusieurs espèces de Pucerons, et tout en particulier même sur les *Pemphigiens* de l'ormeau et du térébinthe, je n'ai pas encore pu suivre d'un bout à l'autre l'évolution d'une seule espèce du peuplier: tout ce que je sais, c'est que l'une d'elles, le *Kessleria spirothecæ*, n'émigre pas; celle-là, je la trouve sur le peuplier toute l'année : dans sa galle, depuis avril jusqu'en décembre, et sous les écorces comme œufs, depuis décembre jusqu'en avril. Mais, pour les autres, où vont-ils en juin, quand ils quittent leur galle comme émigrants ?

Pour le *Pemphigus bursarius*, qui est le plus commun, j'ai cru très-longtemps qu'il devait vivre aux racines des synanthérées, telles que *lactuca, sonchus, hieracium, taraxacum*, etc., etc., puisque les formes ailées de ces Pucerons des racines pondent des sexués ; puis un moment j'ai cru au succès d'un élevage sous cloche du *Pemphigus filaginis*, qui, lui aussi, n'a qu'une forme ailée et qui pond des sexués; mais la contre-épreuve n'a pas réussi, et aujourd'hui je reviens à ma première idée, car de nombreuses éducations de Pucerons trouvés aux racines de *sonchus oleraceus* m'ont donné plusieurs centaines de *Pemphigus* ailés dans les premiers jours de septembre, et *simultanément* je trouvai les galles, vides et sèches, du *Pemphigus bursarius*, remplies de ces mêmes *Pemphigiens* du *sonchus*, qui y pondaient des petits sexués bien plus jaune foncé que les sexués du *Kessleria spirothecæ*, et pondant des œufs sans sécrétion de la part de la femelle. J'ai mis d'étroites bandes de papier autour des troncs de diverses espèces de peupliers, et j'y ai déposé plusieurs individus ailés de mes Pucerons du *sonchus* nés sous cloche : non-seulement ils ne se sont pas envolés, mais ils se sont mis de suite à pondre et ont servi d'appelants aux insectes de leur espèce, puisque le lendemain la bande de papier était couverte de ces mêmes insectes, venus fort probablement des plantes de *sonchus* poussant dans les environs. J'ai donc là une très-forte présomption pour revenir à ma première idée, et supposer que le vulgaire *Pemphigus lactucarius*, qui vit partout aux racines des *laitues, laiterons* et autres synanthérées, et *qui n'a que la forme ailée pupifère*, complète le cycle biologique du *Pemphigus bursarius*, qui n'a, lui, que la forme ailée émigrante.

Réaumur nous dit déjà qu'il a trouvé des Pucerons aux racines des *millefeuille, camomille, cynoglosse, avoine, oseille, arum ;* tous les auteurs, depuis lors, ont retrouvé une ou plusieurs de ces espèces souterraines : pourquoi ne seraient-elles pas les phases, inconnues encore, de l'évolution biologique de nos Pemphigiens des galles? Je l'ai prouvé, avec l'aide de quelques dévoués confrères, pour cinq ou six espèces; j'espère pouvoir le prouver bientôt pour le *Pemphigus bursarius :* il ne me reste plus qu'à voir si la forme ailée qui sort des galles en juin pond ses petits aux racines des *sonchus*, et si ces petits, qui sont la phase bourgeonnante, peuvent s'y développer. Mais ces études souterraines sont excessivement difficiles, d'autant plus que nous avons à lutter contre des périodes de reproduction *agame*, qui peuvent être parfois très-longues; j'ai attendu plus de quinze ans l'apparition de la forme ailée du Pemphigien souterrain des racines de la menthe, que Passerini avait décrite sous le nom de *Rhizobius menthæ* et qui m'a donné la forme pupifère du vulgaire *Pemphigus pallidus* Haliday (*sub Eriosoma*), un des plus vulgaires Pucerons des galles de l'ormeau. Nos observateurs du Phylloxéra savent tous, du reste, que la forme ailée pupifère, commune ici, est une rareté dans les pays du Nord, et qu'il y a beaucoup de jeunes individus qui passent l'hiver sans prendre des ailes pendant plusieurs années.

Cette digression a été un peu longue, mais elle servira pour toutes les espèces du *Pemphigus* du peuplier, que nous n'avons plus qu'à énumérer rapidement.

J'ai déjà donné les formes des galles et les dimensions des antennes qui distinguent le *Pemphigus bursarius* de tous les autres ; les dessins des fossettes olfactives sont aussi caractéristiques :

Le 3ᵉ article a 6 ou 7 cercles en spirale ; sa longueur est de $0^{mm}14$

Le 4ᵉ article, très-court et globuleux, a 2 ou 3 cercles ; longueur 0 08

Le 5ᵉ article, lisse, finement strié, avec une large fossette à l'extrémité ; longueur 0 10

Le 6ᵉ article, lisse, finement strié ; — 0 16

Contrairement à ce que dit Kessler, le développement de cette espèce serait plus lent que celui du *Pem. pyriformis,* avec lequel tous les auteurs l'ont confondu. A Montpellier, mes notes sur l'époque de la première apparition des ailés émigrants m'indiquent le 20 *mai* pour le *Pem. pyriformis* et le 30 *mai* pour le *bursarius.*

Nº 4. Pemphigus pyriformis Lichtenstein (1).

Synonymes :

Réaumur. Le Puceron du peuplier, galles qui partent des pédicules des feuilles (pl. XXVI, fig. 8, *g. g.*).

____

(1) Les *Pucerons,* pl. 1, fig. 1 à 4.

Linné, Aphis bursaria *partim*.

Fabricius, —   —

Kaltenbach, Pemphigus bursarius, p. 182 (le confond avec spirothecæ).

Koch, Pemphigus bursarius, p. 292 (le confond avec plusieurs autres, *marsupialis, populi,* etc.).

Courchet, Pemphigus bursarius, p. 45 (le confond avec *bursarius*).

Kessler, Pemphigus bursarius, p. 2 (réunit les deux espèces).

Buckton, Pemphigus bursarius, p. 117 (—   —   ).

Passerini, Pemphigus bursarius, p. 75 (le confond comme Kaltenbach).

Sauf le vieux Réaumur, qui, encore ici, indique très-bien le Puceron dont il veut parler, tous les auteurs qui m'ont précédé ont confondu l'espèce que je vais décrire avec le *P. bursarius*. Cependant les galles sont bien différentes, et le plus récent auteur, M. Buckton, auquel j'avais signalé *in litteris* les différences que je trouvais suffisantes pour séparer les deux espèces, nous avoue qu'il voit lui-même « *a difference in size and a modification of the ringing of the fith antennal joint* » ; mais alors, puisque les galles sont bien différentes, puisque l'époque d'apparition n'est pas tout à fait la même, puisque les dessins de l'antenne sont différents aussi, pourquoi ne pas donner un nom à cet insecte, si longtemps confondu avec l'ancien *Aphis bursaria* de Linné.

Au premier coup d'œil, les jolies broderies circulaires, soit les fossettes olfactives ou tympans qui existent sur tous les articles de l'antenne, sauf les deux basilaires, font aisément distinguer là Pseudogyne émigrante qui sort des galles du *P. pyriformis* de celle du *P. bursarius*, dont les 5e et 6e articles sont lisses et finement striés, sans tympans circulaires nettement saillants, comme les cinq ou six que présente l'antenne du *pyriformis*. Les dimensions de l'antenne peuvent varier, les dispositions des dessins antennaires me paraissent constants sur les centaines d'individus que j'ai examinés ; voici les dimensions et dessins :

3e article, 10 cercles ou tympans olfactifs, longueur $0^{mm}13$
4e — 3 — — — 0 05
5e — 4 — — — 0 08
6e — 5 — — — 0 13

A présent, j'avoue que les pseudogynes fondatrices des deux espèces, un peu plus ou un peu moins foncées en couleur, sont très-difficiles à différencier, et, comme les états subséquents ne me sont pas encore connus, je regrette de ne pouvoir encore mieux caractériser mon insecte. J'ai pris le nom de *pyriformis* de M. Buckton lui-même, qui dit (p. 118) : « *These purses are pear-shaped.* » Je ne sais pas du tout aux racines de quelle plante la pseudogyne émigrante ailée qui sort des galles en mai-juin va confier sa progéniture, quoique je ne doute pas qu'elle n'ait une évolution biologique semblable à celle des autres *Pemphigiens* dont je connais l'histoire ; mais tout ce que je pourrais en dire ne serait basé que sur de l'analogie de mœurs entre insectes du même genre, et l'analogie peut vous faire faire fausse route. Donc je m'abstiens de toute hypothèse et je passe à l'espèce suivante.

N° 5. Pemphigus prostospiræ Lichtenstein (1).

Synonymes :

Le Pemphigus spirothecæ de tous les auteurs, espèce dont j'ai fait plus haut l'histoire sous le nom de *Kessleria spiro-thecæ*.

Voici encore une espèce que j'ai dû séparer de celle qui forme les galles en spirale s'ouvrant en automne, parce que celle-ci s'ouvre déjà en mai-juin, et que les ailés qui en sortent pondent des petits agames et non pas des sexués comme les *Kessleria*. J'ai voulu indiquer par le mot de *protospiræ* que c'est la galle en spirale qui donne les premiers ailés.

Je n'en sais pas plus long sur cette espèce-ci que sur la précédente ; très-facile à reconnaître entre toutes les espèces de Pemphigus, par la forme de la galle, qui est la seule *en spirale* sur le pétiole des feuilles, qui offre des *ailés en mai-juin*. Ces ailés se distinguent aisément de leurs congénères par des

(1) Les *Pucerons*, pl. III, fig. 5, 6.

antennes offrant des tympans olfactifs circulaires, à peu près comme ceux du *P. pyriformis*, savoir :

3e article avec 12 anneaux, et d'une longueur de $0^{mm}15$.
4e   —   4   —   —   0   07.
5e   —   5   —   —   0   08.
6e   —   6   —   —   0   12.

Je ne connais que le fondateur et l'émigrant ailé. Je ne sais pas où il va passer ses phases d'été et d'automne.

No 6. Pemphigus populi Courchet.

Synonymes :

Réaumur, le Puceron du peuplier, « les galles partant des queues ou pédicules des feuilles... elles sont arrondies. » T.III, p. 308.

Tous les autres auteurs, jusqu'à M. Courchet, avaient confondu cette galle avec celle des *Pem. bursarius* ou autres. Koch dit même : « *Seltener bilden sich am ende der Blattstiele solche Gallen* », c'est-à-dire : Plus rarement ces galles (rondes) se forment au sommet du pétiole. Réaumur, qui n'en dit qu'un mot, n'en donne pas de figure; mais Courchet donne de bonnes figures de la galle, de l'aile et de l'antenne. Cette dernière se distingue des autres par de larges impressions ovales disposées comme suit:

3e article, 5 ou 6 impressions ou tympans olfactifs ov. $0^{mm}12$.
4e   —   3   —   —   0   04.
5   —   1   —   —   0   05.
6e   —   1   —   —   0   10.

Je ne connais pas plus de son histoire que de celle du précédent, à partir du moment où la galle s'ouvre et où la pseudogyne émigrante opère son exode; je perds sa trace et ne sais plus retrouver l'espèce parmi les nombreuses pseudogynes pupifères qui viennent en automne sur le tronc des peupliers.

Le nom d'espèce *populi* de M. Courchet ne dit rien et fait double emploi, sinon avec celui de Linné, qui paraît bien se rapporter à un Aphidien d'un genre différent, au moins avec ceux de beaucoup de Pemphigiens du Nouveau Monde, comme par exemple *Pemphigus populi caulis*, *P. Populi globuli*, *P. populi monilis*, *P. populi ramulorum*, *P. populi venæ*, *P. populi transversus*, etc., etc. Je ne serais pas éloigné, puisque l'exemple est donné, de faire ainsi précéder du nom du végétal sur lequel se trouve la galle le nom de l'espèce particulière qui produit cette galle, et je proposerai, comme c'est l'habitude vis-à-vis de l'auteur qui se sert d'un nom déjà appliqué avant lui à un autre espèce, de compléter le nom de *populi* par celui de l'auteur qui, le premier, a décrit en Europe cette nouvelle galle et le puceron qui la forme d'une manière complète, et de l'appeler *Pemphigus populi Courcheti*.

Probablement ce nom ne sera que transitoire et devra être remplacé un jour par celui de *P. populi globuli* Fitch, car l'insecte américain que décrit Fitch sur le *populus balsamifera* me paraît tout à fait identique à notre espèce européenne. J'en reparlerai plus bas, en énumérant les espèces de Pucerons du peuplier en Amérique.

N° 7. Pemphigus marsupialis Courchet (1).

Synonymes:

Réaumur. — Le Puceron du peuplier, qui fait des galles en vessie sur la feuille (pl. XXVI, fig. 7, 8, *u*, 9, 10, 11, et pl. XXVII, fig. 1 et 2).

Linné, Aphis bursaria *partim*.
Fabricius, — — —
Kaltenbach, Pemphigus bursarius, p. 182.
Koch, Pachypapa marsupialis, p. 170, *partim*.
Courchet, Pemphigus marsupialis, p. 44.
Kessler, Pemphigus ovato-oblongus, p. 26.
Buckton, Pemphigus bursarius *partim*, p. 119.

Ici encore, Réaumur est l'auteur qui nous donne les meilleurs détails sur la structure de la galle, « sur la feuille même,
» et toujours si proche de la principale nervure, que cette
» nervure se trouve à chacun des bouts de la galle.... La galle
» est élevée au-dessus de la surface supérieure; mais le des-

(1) Les *Pucerons*, pl. II, fig. 1 à 3.

» sous de la feuille, sa surface inférieure, est plane. La prin-
» cipale nervure paraît manquer dans toute la partie qui ré-
» pond à la longueur de la galle ; et, dans l'endroit qu'elle
» devrait occuper, on aperçoit en dessous de la feuille une lé-
» gère fente, une espèce de petit sillon....» Koch décrit très-
bien la même galle comme annexe (*Nachtrag*), à la description
qu'il vient de faire d'une autre galle, qui est celle du *Pachypapa marsupialis*, et, là-dessus, Courchet, qui s'aperçoit très-
bien que les insectes ne sont pas complétement identiques,
mais qui se laisse entraîner par la conformité de structure des
galles, prend le nom d'espèce de Koch et crée un *Pemphigus
marsupialis* Koch, tandis que le nom spécifique du savant alle-
mand s'applique à un insecte d'un autre genre, le *Pachypapa*
Koch = *Schizoneura* de Hartig, dont la 3e nervure est fourchue au lieu d'être simple, comme chez les *Pemphigus*.

Après Courchet arrive Kessler, qui, au rebours du savant
français, ne se trompe pas sur le genre de Koch et admet le
Pachypapa marsupialis, mais crée un nouveau nom spécifique
pour le *Pemphigus* de la galle de Réaumur et de Koch dans
son *Nachtrag :* il appelle cette espèce *Pem. ovalo-oblongus*
Kessler.

Certes, ce nom était bien choisi ; de plus, il est pénible d'un
autre côté d'avoir le même nom spécique dans deux genres
aussi voisins que les *Pemphigus* et les *Pachypapa*, ou mieux
Schizoneura, surtout quand les deux espèces forment des galles très-semblables et sur le même arbre ; mais M. Courchet a
très-clairement décrit et figuré le *Pemphigus* qui forme la
galle décrite dans le *Nachtrag* de Koch, et cela en 1881, dans
les *Mémoires de l'Académie des sciences de Montpellier*. Certes,
il a eu tort de ne pas regarder attentivement la figure de Koch
et de ne pas voir que l'insecte figuré n'était pas même du
genre *Pemphigus ;* mais cela ne saurait, je crois, lui enlever
son droit à la priorité, puisque son *Pemphigus marsupialis* date
de 1881, et que le *Pemphigus ovalo-oblongus* de Kessler est de
1883.

Le *Pemphigus marsupialis* offre des dessins antennaires ou
des tympans olfactifs ovales tout autour des antennes et sur
tous les articles :

Le 3ᵉ article en a une dizaine sur chaque face, et sa
longueur est de 0ᵐᵐ16.

Le 4ᵉ article en a 4 ou 5 — — 0 06.
Le 5ᵉ article — — — 0 06.
Le 6ᵉ article en a 3 ou 4 — — 0 13.

Aucune phase de la vie de cet insecte n'est connue encore,
sauf les deux premières de fondatrice et émigrante. Il est pro·
bable que l'évolution est la même que celle du *Pem. bursarius;*
mais c'est jusqu'à présent une simple hypothèse.

N° 8. Pemphigus vesicarius Passerini (1).

Synonymes:

Passerini, Pemphigus vesicarius, p. 76.
Courchet, Pemphigus vesicarius, p. 51.

Ni Réaumur, ni aucun des anciens auteurs, ne font mention
de cette galle de forme si bizarre, et que je n'ai moi-même jamais trouvée qu'à l'état *sec;* car, comme celle du *Pemphigus
bursarius,* elle persiste pendant l'hiver, et rappelle alors, par
sa forme vésiculeuse et sa dimension, les grosses galles ter-
minales qui sont sur nos ormeaux en hiver ; seulement elle
est garnie de prolongements tubuliformes avec une ouverture
terminale, qui manquent à celle de l'ormeau.

J'ai trouvé des Pucerons ailés *morts* dans la galle. Leurs antennes rappellent, par leurs dessins, celles du *Pem. bursarius ;*
mais, comme je ne sais pas si ces insectes sont des *émigrants* qui
n'ont pas pu sortir de la galle ou des *pupifères* qui sont venus
y apporter leurs sexués, je n'ose pas les décrire comme les
vrais auteurs des galles; d'autant plus que, si ce sont des *pupifères,* ils peuvent appartenir à une tout autre espèce et ne
s'être réfugiés dans les galles que pour pondre les sexués.
Passerini, qui paraît les avoir vus vivants en mai et juin, dit
que les galles se trouvent sur les rejetons ; que l'insecte se
distingue du *bursarius* par sa taille plus grande, par la sécrétion blanche abondante des nymphes, et du *spirothecæ* par le
stigma anguleux et non pas arrondi.

Ayant épuisé ainsi les Pucerons du peuplier qui me sont

____

(1) Les *Pucerons,* pl. IV, fig. 1, 2.

connus comme offrant les caractères du genre *Pemphigus* de Hartig, je passe au genre *Schizoneura,* que la troisième nervure *fourchue* de l'aile supérieure fait si facilement reconnaître.

N° 9. Schizoneura marsurpialis Koch.

Synonymes :

Koch, Pachypapa marsupialis, p. 270.
Kessler,　　—　　　—　　　p. 31.

Je ne trouve pas dans les caractères que donne Koch de son genre *Pachypapa* un motif quelconque pour le séparer du genre *Schizoneura* de Hartig ; et comme ce genre, bien défini par la troisième nervure fourchue, n'offre que très-peu d'espèces sur le peuplier, je crois inutile de le subdiviser.

L'insecte qui nous occupe et sa galle me sont venus de l'Allemagne, où il paraît très-commun, et je crois qu'on pourra le retrouver en France. Sauf la couleur, qui est jaune au lieu d'être rouge, et l'absence de fente linéaire par-dessous, on pourrait confondre cette galle avec celle du *Pemphigus mar-supialis* (n° 7), dont j'ai fait l'histoire ci-dessus. Celle de celui-ci est très-bien faite, non pas par Koch, qui, comme je l'ai dit plus haut, confond sa galle avec celle du *Pemphigus marsu-pialis* de Courchet, mais par M. Kessler. Ce qui distingue cette espèce des autres est surtout une petite saillie anguleuse de la fine nervure parallèle au radius, à l'endroit où les nervures diagonales partent de la nervure principale sur les ailes supérieures.

Au point d'attache de la nervure qui forme la cellule radiale au bout de l'aile, il y a aussi une petite saillie angulaire.

Ces pseudogynes émigrantes ailées, qui sortent des galles, ou de l'enfoncement, ou boursouflure qui mérite à peine le nom de galle, pondent beaucoup plus de jeunes bourgeonnants que les *Pemphigus.* Chez ceux-ci, Kessler a compté 25 petits, et chez le *Schizoneura marsupialis,* il en a trouvé 48. Ces jeunes sont verts chez le *Pemphigus marsupialis* et jaunes chez le *Schizoneura.*

Nº 10. Schizoneura tremulæ Linné.

Synonymes :

Linné, Aphis tremulæ.
Fabricius,   —
De Geer,   —   (traduction allemande, p. 62, nº 15 ;
pl. VII, fig. 1-7).
Kaltenbach, Schizoneura tremulæ, p. 171.
Koch, Asiphum populi, p. 246, fig. 323 ?

Cet insecte, qui paraît être plutôt du Nord que du Midi, ne m'est pas connu, et, comme je l'ai dit plus haut, tout comme Kaltenbach le dit lui-même, doit énormément ressembler au *Schizoneura Reaumuri*, qui vit sur le tilleul. Je ne cite cet insecte que pour appeler sur lui l'attention de çeux de mes collègues qui pourraient avoir des *trembles* dans leurs jardins. Ce Puceron doit former, aux extrémités des branches, des touffes de feuilles crispées et recoquillées sur elles-mêmes. Je ne cite qu'avec doute le synonyme de Koch (*Asiphum populi*), qui, d'après la figure, aurait la nervure doublement fourchue, ce qui le mettrait dans un autre genre.

Du reste, avant moi, Kaltenbach dit que la synonymie de l'*Aphis tremulæ*, chez les anciens auteurs, est terriblement embrouillée, et il faut voir les insectes et leurs galles pour tâcher d'éclairer la question.

Nº 11. Löwia (1) Passerinii Signoret (2).

Je crée ici un nouveau nom de sous-genre pour un *Schizoneura* que mon ami et collègue à la Société entomologique de France, M. le docteur Signoret, a décrit en 1875 (*Bulletin Soc. ent.*, p. ссп).

La manière de vivre de cet insecte diffère complétement de celle de ses congénères ci-dessus. La Pseudogyne fondatrice et ses descendants vivent comme le Puceron lanigère des pommiers, mais sur le tronc des peupliers ; ce sont des Pucerons d'un blanc jaunâtre, avec cinq et plus tard six articles aux

____

(1) En l'honneur du docteur Franz Löw (de Vienne), bien connu pour ses beaux travaux sur les Psylles, les Aphidiens, etc., etc.

(2) Les *Pucerons,* pl. IV, fig. 5, 6.

antennes. Cet insecte suinte une sécrétion blanche, qui le fait
aussi aisément découvrir que son congénère sur les pommiers.

La *pseudogyne* ailée est noire, avec le pronotum et l'abdomen jaunes ; les antennes des six articles tous lisses ou finement striés, avec une petite cicatrice ou tympan olfactif au
sommet des cinquième et sixième articles. Les nervures sont
assez fortement ombrées ou enfumées. N'ayant eu qu'un seul
exemplaire ailé en ma possession, lequel est mort sans pondre,
je ne sais pas exactement si c'était la *pseudogyne émigrante* ou
la *pupifère*. En tout cas, cet individu portait les ailes *à plat*
comme le Phylloxéra ; ce caractère et sa manière de vivre con-
stitueront pour le moment les caractères du nouveau genre.
Je crois que cet insecte ne quitte pas le peuplier, car je le
trouve de mai jusqu'en décembre sur cet arbre, où il est très-
commun dans notre département sous sa forme aptère. Je
soupçonne que l'évolution des *Löwia* est comme celle des *Kessleria,* c'est-à-dire une *fondatrice* donnant des *bourgeonnants
aptères,* du milieu desquels se développent quelques *pupifères,*
qui donnent des sexués et des œufs ; tandis que le gros de la
colonie passe l'hiver comme jeune larve engourdie, pour ne
se réveiller qu'au printemps suivant.

Ne serait-ce pas, du reste, le cas chez beaucoup de ces petits
animaux, dont l'évolution paraît se calquer si bien sur celle
des végétaux qui le nourrissent? La séve s'arrête chez le végétal; la vie paraît s'arrêter chez le Puceron: il ne grossit plus.
Mais que le végétal retrouve, sous une chaleur artificielle ou
suivant les lois de la nature, la circulation de sa séve, la vie
active reprend chez le Puceron. C'est ainsi que Kyber a pu,
en serre, faire multiplier, pendant quatre ans, des Pucerons
du Rosier, et que tous ceux qui le désirent peuvent très-facile-
ment garder tout l'hiver en tube des radicelles de vigne cou-
vertes de Phylloxéras, et les voir revivre au printemps et se
développer en leur donnant un morceau de racine fraîche en
avril. On a souvent tourné en ridicule la phrase du vieux baron
v. Gleichen et de Götze, le traducteur de De Geer, qui disait
ne pouvoir comparer l'évolution des Pucerons qu'à celle d'une
plante; et aujourd'hui, après plus de cent ans, je ne puis pas
arriver à trouver mieux que cette ingénieuse comparaison. Il

est vrai que la séparation des règnes animaux et végétaux est tout à fait artificielle, et qu'il devient chaque jour plus difficile de savoir où finit l'animal et où commence la plante. Au point de vue de l'évolution biologique, je retrouve les plus étonnantes analogies entre la plante et le Puceron, surtout parmi ceux des familles les plus inférieures.

Après les Schizoneuriens, dont je viens de parler, nous n'avons plus à énumérer que très-peu de Pucerons du grand groupe des Aphidiens comme vivant sur le peuplier, et ceux que je connais comme vivant sur cet arbre présentent de nombreuses variétés; de sorte que je crois qu'il n'y a, en définitive, que deux ou trois espèces au plus dans toutes celles qui sont citées par les auteurs anciens.

Les Pucerons dont il s'agit à présent ont les antennes de *sept* articles et la troisième nervure diagonale de l'aile supérieure doublement fourchue. Ils sont très-velus aux pattes et aux antennes; mais, pour les anciens auteurs, Linné, Fabricius, de Geer, Boyer, Kaltenbach, etc., c'étaient des *Aphis*. Koch, en 1854, en a fait, justement à cause de leur villosité, le genre *Chaitophorus*, et c'est bien probablement cet insecte que Linné et ses successeurs ont eu en vue en décrivant leur *Aphis populi*.

N° 12. Chaitophorus populi Linné (sub Aphis).

Synonymes :

Linné, Aphis populi.
Fabricius, —
Kaltenbach, — p. 126.
Boyer de Forscolambe, Aphis populi albæ (*Annales Soc. ent.*, 1841, p. 187).

Koch, Chaitophorus leucomelas, p. 4 } Je partage l'avis de
      — tremulæ, p. 8 { Kaltenbach, que toutes
      — versicolor, p. 10 { ces espèces ne sont que des variétés de l'*Aphis*
      — populi, p. 12 } *populi* de Linné.

Passerini, Chaitophorus leucomelas, p. 57 }
      — versicolor, p. 59 { Même observation
      — populi, p. 60 }

Kessler, Chaitophorus leucomelas, p. 37.
Buckton, — populi, p. 140.

Voici un insecte des plus communs sur le peuplier et dont l'histoire est encore à faire ; car, pendant que quelques auteurs en font 4 espèces ou 5, d'autres, et je suis du nombre, voudraient tout ramener à une seule ou à deux tout au plus. Je soupçonne que les œufs déposés sous les écorces ou même dans les vieilles galles des Pemphigus donnent naissance à la mère ou pseudogyne fondatrice, qui est toute verte ou presque incolore ; elle pond des petits vivants qui sont partie aptères, partie ailés, et qui offrent les dessins les plus variés, verts à tache plus foncée, ou jaunes et bruns (*Aphis populi*), ou bien blancs et bruns (*leucomelas*), ou même brun foncé, ou presque noirs. C'est sur le *peuplier blanc* que je vois ces premiers états ; après cela, il y a migration, peut-être sur le saule ? peut-être sur d'autres espèces de peupliers ? Bref, en été, je les perds de vue ; mais en septembre-octobre, voici qu'il revient de ces *Chaitophorus* en masse sur le *peuplier noir :* j'en trouve dans chaque feuille repliée. Bien plus, je n'ai qu'à replier une feuille et la maintenir pliée avec une épingle, je ne tarde pas à voir, deux ou trois jours après, une pseudogyne ailée arriver je ne sais d'où pour occuper ce logement artificiel et y pondre des petits de toute couleur : il y en a de blancs, de jaunes, de noirs, de rouges. Certes, le nom de *versicolor* de Koch est là bien appliqué, et pourtant c'est la même espèce, puisque je vois la pseudogyne *blanche* pondre sous mes yeux un petit *rouge ;* plus tard, ce petit rouge deviendra un mâle, et ce mâle, tantôt prendra des ailes, tantôt restera aptère ; mais je vois tant l'un que l'autre s'accoupler... On reste abasourdi devant une telle quantité de variétés du même animal. Heureux qui pourra nous expliquer un jour l'évolution complète de ce vulgaire Puceron, de ce bizarre genre *Chaitophorus* dont les espèces, relativement grandes, habitent les peupliers, les saules, les érables, et ménagent probablement bien des surprises à l'observateur attentif.

Au rebours de ce que j'ai fait pour les *Pemphigus,* où je fais dix ou onze espèces avec le *bursarius* de Linné, je serais tenté de réduire à une seule les quatre espèces de *Chaitophorus* de Koch qui vivent ou sur les feuilles, ou du moins aux tendres bourgeons des peupliers, ou enfin dans les galles de diverses espèces de *Pemphigus*, où ils se logent souvent en intrus, quoique n'ayant eu rien à faire avec la production de la galle. C'est par erreur que quelques auteurs ont cru que ces insectes pouvaient former des galles.

Mais, à cause de la différence des mœurs, je tendrais à conserver comme genre séparé un autre gros Aphidien que Koch a décrit et figuré sous le nom de :

N° 13. Cladobius populeus Kaltenbach (sub Aphis).

Synonymes :

Kaltenbach, Aphis populea, p. 116.
Koch, Cladobius populeus, p. 252.
Passerini — populea 1, p. 56.
Buckton, Chaitophorus populeus, p. 137.

C'est surtout par sa manière de vivre que cet insecte se distingue au premier coup d'œil de tous les autres Aphidiens du peuplier. Tandis que les *Chaitophorus* habitent le feuillage ou les bourgeons, les nombreuses, quelquefois très-nombreuses, colonies des *Cladobius* vivent toujours sur le bois du tronc ou des rameaux des peupliers ou des saules. Koch donne comme différence entre les deux genres que les Cladobius ont les nectaires plus longs que larges, et que c'est le contraire chez les *Chaitophorus ;* de plus, il trouve une différence dans la longueur du septième article des antennes, plus long que le sixième chez les *Chaitophorus* et plus court que ce dernier chez le *Cladobius.* M. Buckton, comme on le voit aux synonymes, ne trouve pas ces différences suffisantes pour faire un genre nouveau. Pour moi, trouvant de plus que l'*habitat* des insectes est différent, que les autres articles des antennes n'ont pas les mêmes relations, par exemple que les 4e et 5e articles sont égaux en longueur chez le *Cladobius* et très-inégaux chez les *Chaitophorus* (4e article 0^{mm}18, 5e article 0^{mm}13), je ne modifierai pas la classification adoptée, après Koch, par Passerini, auteur contemporain, qui est une grande autorité pour les

Aphidiens. Il n'y a pour moi, sur le peuplier, que deux Aphidiens vrais, à 7 articles aux antennes et à nervure à double fourche : celui qui vit sur le bois sera un *Cladobius*, et celui qui vit sur les feuilles un *Chaitophorus*. Plus tard, quand on connaîtra toute leur évolution biologique, nous verrons s'il y a lieu à modifier la classification de Passerini.

J'aurai à présent à faire un tableau comparatif des Pucerons des peupliers d'Amérique avec ceux de France, parce qu'il est évident pour moi que beaucoup d'espèces du Nouveau Monde se retrouveront chez nous, et que bien des noms, donnés de bonne foi à New-York ou St-Louis par les grands observateurs des États-Unis, font double emploi avec ceux de nos auteurs d'Europe. Ce travail trouvera mieux sa place dans le travail d'ensemble qui va suivre sur tous les *Pemphigiens*, et non pas sur ceux du peuplier seulement, car je crois retrouver sur nos ormeaux, nos frênes, etc., bien des Pucerons fort voisins, sinon identiques à ceux qui sont décrits par Asa Fitch, Walsh, Riley, Monell, Thomas, etc., dans les publications américaines.

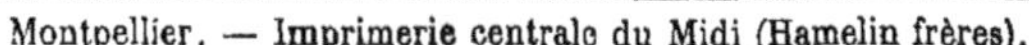

Montpellier. — Imprimerie centrale du Midi (Hamelin frères).

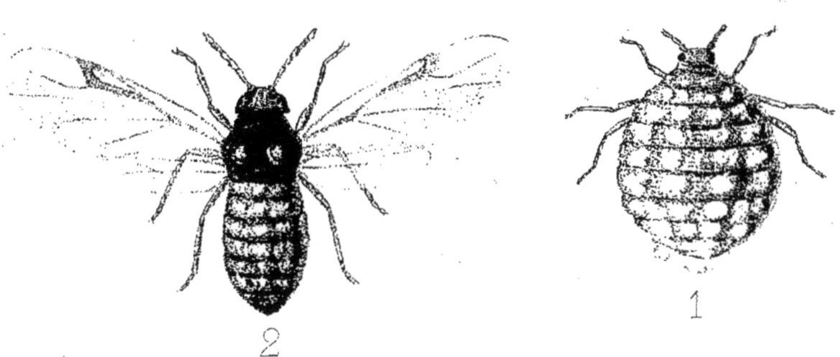

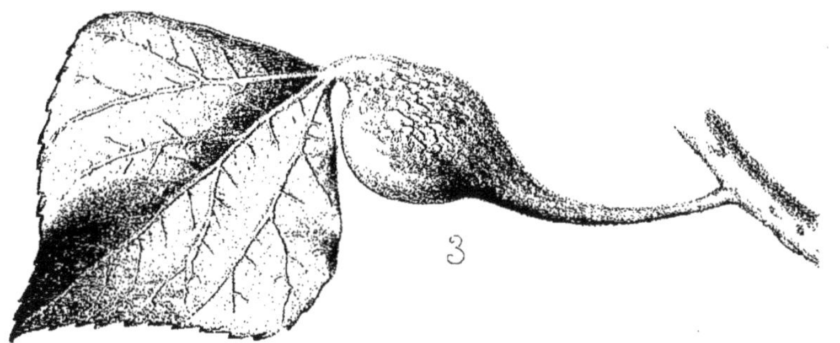

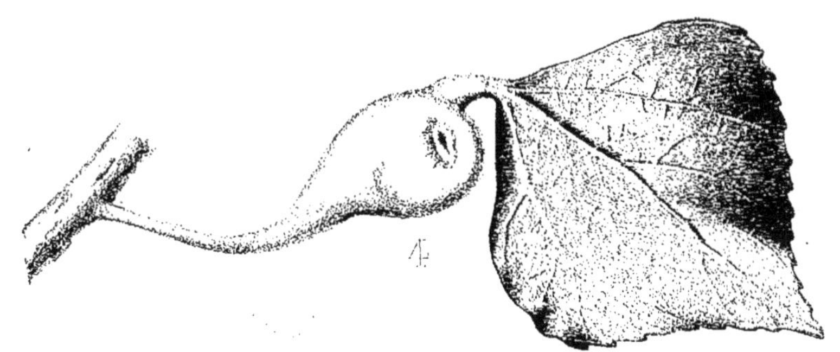

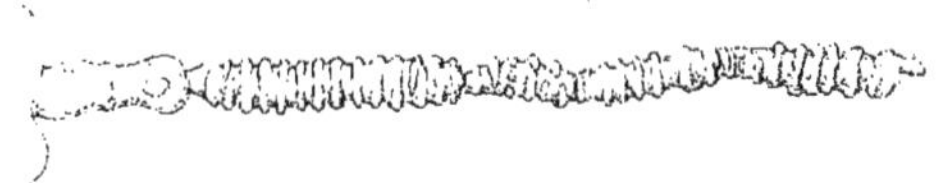

PUCERONS DU PEUPLIER

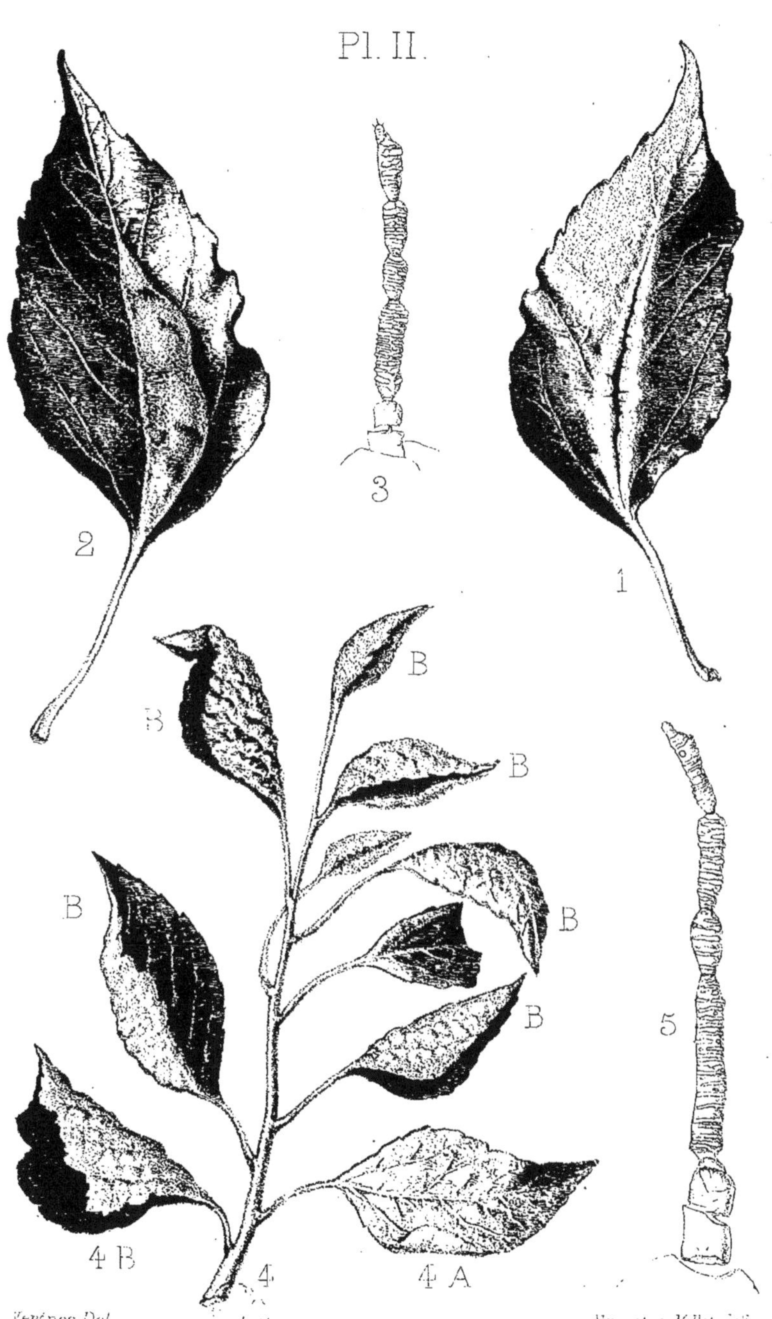

PUCERONS DU PEUPLIER

PUCERONS DU PEUPLIER

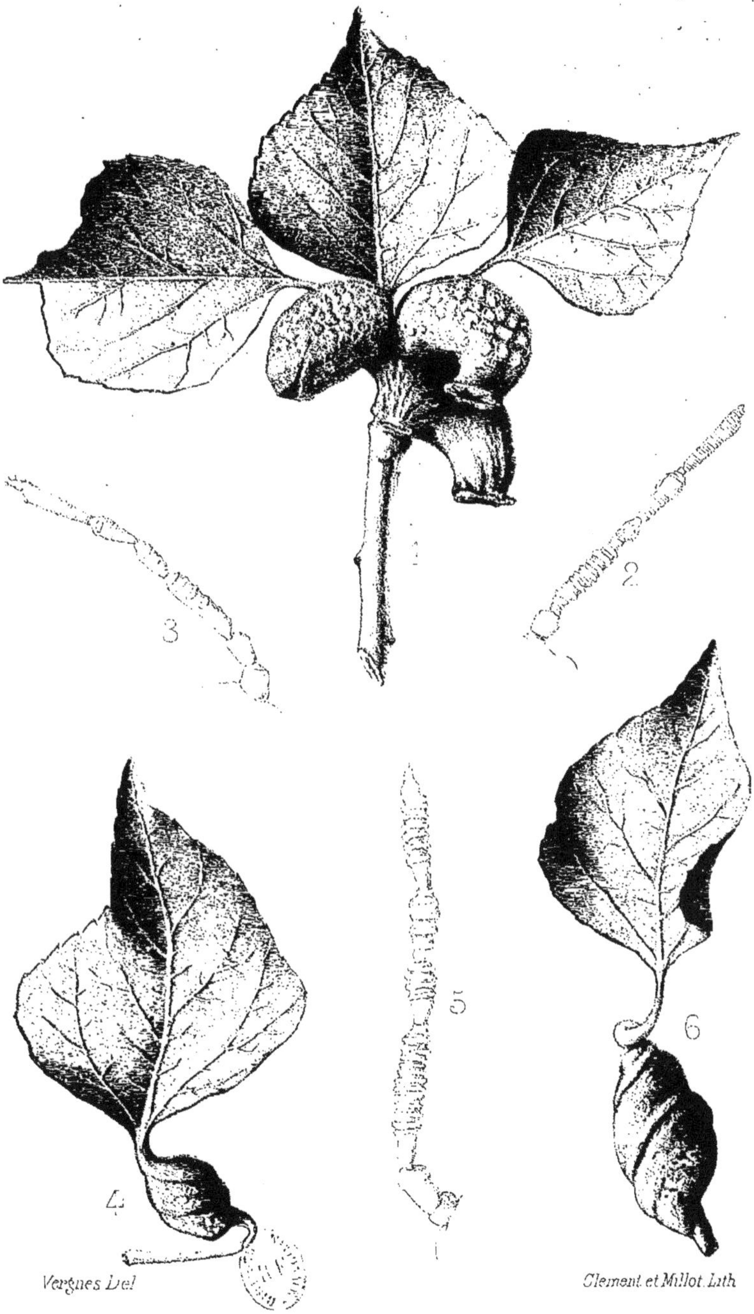

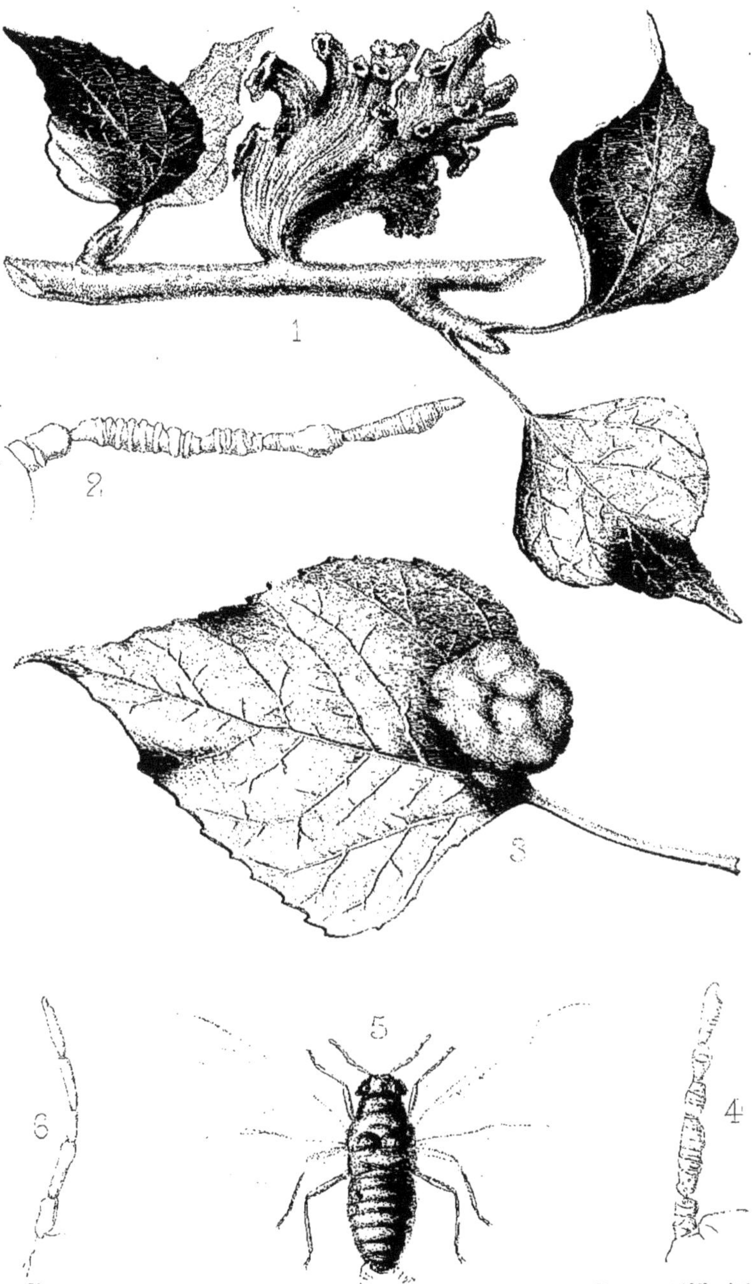

Vergnes lid.

Clément et Millot, Lith.

PUCERONS DU PEUPLIER

IMP. MONROCO PARIS